MECÂNICA DISCRETA E RADIAÇÃO

Leandro Bertoldo

Dedicatória

Dedico esta obra ao meu querido mimado
Mimo

"A verdadeira Ciência e a Inspiração
se acham em perfeita harmonia". (IV TPI, 584).

Ellen Gould White
Escritora, conferencista, conselheira,
e educadora norte-americana.
(1827-1915)

Sumário

4. Conservação da Energia

A) *Velocidade de Propagação do Elétron*
B) *Frequência do Elétron*
C) *Comprimento de Onda do Elétron*
D) *Frequência do Elétron em Termos de Raio*
E) *Quantidade de Movimento*
F) *Momento Angular do Elétron*
G) *Cálculo da Distância do Elétron ao Núcleo*
H) *Novo Cálculo do Raio do Elétron*
I) *Cálculo do Raio*
J) *Cálculo da Energia do Elétron Numa Órbita Qualquer*

L) *Energia em Uma Órbita Qualquer*
M) *Novo Cálculo da Energia Numa Órbita Qualquer*

N) *Nova Equação de Energia Para Uma Órbita Qualquer*

O) *Cálculo da Frequência do Elétron Numa Órbita Qualquer*

P) *Cálculo do Comprimento de Onda do Elétron Numa Órbita Qualquer*

Q) *Comprimento de Onda de Uma Radiação Emitida Por Um Elétron*

R) *Nova Equação do Comprimento de Onda de Uma Radiação Oriunda de Um Elétron*

S) *Equação do Comprimento de Onda de Uma Radiação*

T) *Cálculo da Frequência de Uma Radiação Eletromagnética Oriunda de Um Elétron*

U) *Novo Cálculo da Frequência Eletromagnética Oriunda de Um Átomo*

V) *Equação da Frequência Eletromagnética Oriunda de Um Átomo*

RADIAÇÃO

Capítulo I - Radiação

Capítulo II - Fluxo da Radiação

Capítulo III - Energia e Potência da Radiação

Capítulo IV - Inverso do Quadrado da Distância

5. Potência da Radiação Eletromagnética

ARTIGO - Aderência
1. Definição
2. Força Normal
3. Força de Aderência
4. Adesão
5. Lei da Aderência
6. Lei da Característica
7. Angulo de Destaque
8. Associação de Adesivos
9. Assentimento
10. Adesão de Rolamento
11. Ângulo de Adesão
12. Trabalho de Deslocamento
13. Adesividade
14. Trabalho Adesivo
15. Constante Emplástica

ARTIGO - Tensiologia Superficial
1. Introdução
2. Elasticidade da Tensão Superficial ou Intensidade Elástica
3. Módulo de Tensão
4. Tensismo
5. Equações Energéticas
6. Leis para o Sentido da Força de Tensão
7. Fluxo de Tensão
8. Tensão Térmica
9. Força de Eliminação
10. Oscilações das Películas
11. Intensor

Dados biográficos

Leandro Bertoldo é o primeiro filho do casal José Bertoldo Sobrinho e Anita Leandro Bezerra. Tem um irmão chamado Francisco Leandro Bertoldo. Os dois seguiram a carreira no judiciário paulista, incentivados pelo pai, que via algo de desejável na estabilidade do serviço público.

Leandro fez as faculdades de Física e de Direito na Universidade de Mogi das Cruzes – UMC. Seu interesse sempre crescente pela área das exatas vem desde os seus 17 anos, quando começou a escrever algumas teses sérias a respeito do assunto. Em 1995, publicou o seu primeiro livro de Física, que foi um grande sucesso entre os professores universitários. O seu comprometimento com o Direito é resultado de suas atividades junto ao Tribunal de Justiça do Estado de São Paulo.

Leandro casou-se duas vezes e teve uma linda filha do primeiro matrimônio chamada Beatriz Maciel Bertoldo. Sua segunda esposa Daisy Menezes Bertoldo tem sido sua grande companheira e amiga inseparável de todas as horas. Muitas de suas alegrias são proporcionadas pelos seus amados cachorros: Fofa, Pitucha, Calma e Mimo.

Durante sua carreira como cientista contabilizou centenas de artigos e dezenas de livros, todos defendendo teses originais em Física e Matemática, destacando-se: "Teoria Matemática e Mecânica do Dinamismo" (2002); "Teses da Física Clássica e Moderna" (2003); "Cálculo Seguimental" (2005); "Artigos Matemáticos" (2006) e "Geometria Leandroniana" (2007), os quais estão sendo discutidos por vários grupos de pesquisas avançadas nas grandes universidades do país.

Prefácio

Este pequeno livro é constituído por quatro artigos científicos originais, que está sendo apresentado ao público pela primeira vez. Os dois primeiros artigos foram produzidos entre os anos de 1981 a 1983, e os dois últimos em 1984.

O primeiro artigo, intitulado por "Mecânica Discreta", é formado por três capítulos, os quais apresentam vários conceitos que culminam com a criação de um modelo atômico semelhante ao de Niels Bohr, mas levando em consideração o conceito de dualidade de onda-matéria de Louis de Broglie.

O segundo artigo, constituído por quatro capítulos, foi denominado simplesmente de "Radiação". Ele estuda alguns efeitos da radiação eletromagnética, com ênfase no fluxo de radiação que atravessa um plano.

O terceiro artigo intitulado por "Aderência" considera o estudo inovador da ligação íntima entre superfícies com adesivos.

O quarto artigo desta obra foi designado pelo nome de "Tensiologia Superficial". Ele tem por objetivo realizar do estudo da tensão superficial, avançando na pesquisa desse fenômeno com a introdução de novas ideias.

O livro limita-se a desenvolver as ideias sobre os fenômenos físicos ao nível do universo algébrico, o que facilita bastante a compreensão dos fatos apresentados na obra.

O autor espera de coração, que os estudos dos fenômenos aqui apresentados possam despertar a criatividade de todas as mentes inquiridoras.

leandrobertoldo@ig.com.br

Mecânica Discreta

Leandro Bertoldo

Capítulo I
Conceitos Gerais

1. Introdução

No presente capítulo, vou procurar conceituar as mais distintas grandezas físicas sob o seu aspecto discreto.

A Mecânica Discreta está exclusivamente fundamentada no princípio da quantidade de movimento. A partir desse princípio procura desenvolver todas as demais grandezas envolvidas em fenômenos quânticos.

2. Definição Clássica de Quantidade de Movimento

A Mecânica Newtoniana permite afirmar que a quantidade de movimento que caracteriza um corpúsculo é igual à massa desse corpúsculo em produto com a velocidade de tal corpúsculo.

Simbolicamente, o referido enunciado é expresso pela seguinte igualdade:

$$Q = m \cdot V$$

3. Definição de *"De Broglie"* para a Quantidade de Movimento

Em 1924, o físico francês Louis De Broglie expressou o comprimento de onda de um corpúsculo em função de sua quantidade de movimento; então, se torna evidente que a quantidade de movimento dos corpúsculos pode ser expressa em função do comprimento de onda de tal corpúsculo.

Assim, posso afirmar que a quantidade de movimento de um corpúsculo é igual ao quociente da constante de Planck, inversa pelo comprimento de onda que o referido corpúsculo apresenta.

O referido enunciado é expresso simbolicamente pela seguinte relação:

$$Q = h/\lambda$$

4. Quantidade de Momento Angular

A Mecânica Clássica define a quantidade de momento angular como sendo igual à massa do corpúsculo em produto com sua velocidade multiplicada pelo raio da órbita de tal corpúsculo.

Simbolicamente, o referido enunciado é expresso pela seguinte igualdade:

$$L = m \cdot V \cdot R$$

Porém, o produto entre a massa e a velocidade de um corpúsculo caracteriza a quantidade de movimento; logo, posso escrever que:

$$L = Q \cdot R$$

Substituindo convenientemente, a referida expressão com a equação de "De Broglie", vem que:

$$L = h \cdot R/\lambda$$

Isso me permite afirmar que a quantidade de momento angular é igual ao quociente da constante de Planck em produto com o raio, inversa pelo comprimento de onda.

5. Intensidade de Força

A Mecânica Clássica define a intensidade de força como sendo igual ao quociente da quantidade de movimento, inversa pela variação de tempo. Simbolicamente, o referido enunciado é expresso pela seguinte relação:

$$F = Q/\Delta t$$

Substituindo convenientemente a referida relação com a equação de "De Broglie", resulta que:

$$F = (h/\lambda)/(\Delta t/1)$$

Logo, posso escrever que:

$$F = h/(\lambda . \Delta t)$$

Porém, sob o aspecto ondulatório, a variação de tempo (Δt) fica perfeitamente caracterizada pelo período (T).
Portanto, posso escrever que:

$$F = h/(\lambda . T)$$

Assim, posso afirmar que a intensidade de força que caracteriza um corpúsculo associado a uma onda material é igual ao quociente da constante de Planck, inversa pelo comprimento de onda em produto com o período de onda.
A física mostra que a frequência é o inverso do período e vice-versa.
O referido enunciado é expresso simbolicamente pela seguinte igualdade:

$$f = 1/T$$

E

$$T = 1/f$$

Logo, posso escrever que:

$$F = h \cdot f/\lambda$$

Isso me permite concluir que a intensidade de força que caracteriza um corpúsculo em um dado instante é igual ao quociente da constante de Planck em produto com a frequência, inversa pelo comprimento de onda.

6. Força Centrífuga

Sabe-se que a força centrífuga é igual ao quociente da massa do corpúsculo em produto com o quadrado da velocidade, inversa pelo raio.

Simbolicamente, o referido enunciado é expresso pela seguinte relação:

$$F_c = m \cdot V^2/R$$

Porém, sabe-se que a quantidade de movimento é expressa por:

$$Q = m \cdot V$$

Substituindo convenientemente as duas últimas expressões, vem que:

$$F_c = Q \cdot V/R$$

Sabe-se que a quantidade de movimento de um corpúsculo é igual ao quociente da constante de Planck, inversa pelo comprimento de onda.

Simbolicamente, o referido enunciado é expresso pela seguinte relação:

$$Q = h/\lambda$$

Substituindo convenientemente as duas últimas relações, obtém-se que:

$$F_c = (h \cdot V)/(\lambda \cdot R)$$

Logo, posso afirmar que a força centrífuga é igual ao quociente da constante de Planck em produto com a velocidade do corpúsculo, inversa pelo comprimento de onda em produto com o raio da órbita.

Porém, a velocidade de um corpúsculo é igual ao comprimento de onda em produto com a frequência.

Simbolicamente, o referido enunciado é expresso por:

$$V = \lambda \cdot f$$

Substituindo convenientemente as duas últimas expressões, vem que:

$$F_c = (h \cdot \lambda \cdot f)/(\lambda \cdot R)$$

Eliminando os termos em evidência, resulta que:

$$F_c = h \cdot f/R$$

Assim, posso concluir que a força centrífuga é igual ao quociente da constante de Planck em produto com a frequência do corpúsculo, inversa pelo raio da órbita.

7. Massa

"De Broglie" demonstrou que a quantidade de movimento de um corpúsculo é igual ao quociente da constante de Planck, inversa pelo comprimento de onda.

O referido enunciado é expresso simbolicamente pela seguinte relação:

$$Q = h/\lambda$$

A Mecânica Clássica demonstra que a quantidade de movimento de uma partícula é igual à massa em produto com a velocidade.

Simbolicamente, o referido enunciado é expresso pela seguinte igualdade:

$$Q = m \cdot V$$

Igualando convenientemente as duas últimas equações, resulta que:

$$m \cdot V = h/\lambda$$

Assim, posso escrever que:

$$m = h/\lambda \cdot V$$

Logo, posso afirmar que a massa é igual ao quociente da constante de Planck, inversa pelo comprimento de onda em produto com a velocidade.

Porém, sabe-se que a velocidade é igual ao comprimento de onda em produto com a frequência.

Simbolicamente, posso escrever que:

$$V = \lambda \cdot f$$

Substituindo convenientemente as duas últimas expressões, vem que:

$$m = h/(\lambda \cdot f \cdot \lambda)$$

Assim, resulta que:

$$m = h/(\lambda^2 \cdot f)$$

Logo, posso afirmar que a massa é igual ao quociente da constante de Planck inversa pelo quadrado do comprimento de onda em produto com a frequência.

8. Energia Cinética

A Mecânica Clássica afirma que a energia cinética de uma partícula é igual à metade da massa em produto com o quadrado da velocidade.

Simbolicamente, o referido enunciado é expresso pela seguinte relação:

$$W_c = m \cdot V^2/2$$

Porém, sabe-se que a quantidade de movimento de uma partícula é expressa por:

$$Q = m \cdot V$$

Substituindo convenientemente as duas últimas equações, obtém-se que:

$$W_c = Q \cdot V/2$$

Porém, de acordo com De Broglie a quantidade de movimento de um corpúsculo é expressa por:

$$Q = h/\lambda$$

Substituindo convenientemente as duas últimas equações, vem que:

$$W_c = h \cdot V/2\lambda$$

Assim, posso afirmar que a energia cinética de um corpúsculo é igual à metade do valor da constante de Planck em produto com a velocidade, inversa pelo comprimento de onda.

Mas, sabe-se que a velocidade de um corpúsculo é igual ao comprimento de onda em produto com a frequência.

O referido enunciado é expresso simbolicamente pela seguinte igualdade:

$$V = \lambda \cdot f$$

Substituindo convenientemente as duas últimas expressões, vem que:

$$W_c = h \cdot \lambda \cdot f/2\lambda$$

Eliminando os termos em evidência, resulta que:

$$W_c = h \cdot f/2$$

Logo, posso afirmar que a energia cinética é igual à metade da constante de Planck em produto com a frequência.

9. Potência de um Pulso de Onda de Matéria

Em termos ondulatórios a potência de um pulso de onda é igual ao quociente da energia, inversa pelo período.

Simbolicamente, o referido enunciado é expresso pela seguinte relação:

$$p = W/T$$

Porém, sabe-se que o período é o inverso da frequência e vice-versa.

O referido enunciado é expresso simbolicamente por:

$$T = 1/f$$

Substituindo convenientemente as duas últimas expressões, posso escrever que:

$$p = W/(1/f)$$

Logo, resulta que:

$$p = W \cdot f$$

Assim, posso afirmar que a potência é igual à energia em produto com a frequência.

A energia cinética de um corpúsculo é expressa por:

$$W_c = h \cdot f/2$$

Substituindo convenientemente as duas últimas expressões, vem que:

$$p = h \cdot f^2/2$$

Assim, posso concluir que a potência é igual à metade da constante de Planck em produto com o quadrado da frequência.

10. Aceleração Definida Dinamicamente

A Dinâmica Newtoniana define a aceleração de uma partícula, com sendo igual ao quociente da força que atua sobre essa partícula, inversa pela massa da mesma.

Simbolicamente, o referido enunciado é expresso pela seguinte relação:

$$\alpha = F/m$$

Porém, demonstrei que a força é igual ao quociente da constante de Planck em produto com a frequência, inversa pelo comprimento de onda.

Simbolicamente, o referido enunciado é expresso pela seguinte relação:

$$F = h \cdot f/\lambda$$

Demonstrei que a massa de um corpúsculo é igual ao quociente da constante de Planck, inversa pela frequência multiplicada pelo quadrado do comprimento de onda.

Simbolicamente, o referido enunciado é expresso pela seguinte relação:

$$m = h/f \cdot \lambda^2$$

Substituindo convenientemente as três últimas expressões, resulta que:

$$\alpha = (h \cdot f/\lambda)/(h/\lambda^2 \cdot f)$$

Logo, vem que:

$$\alpha = (\lambda^2 \cdot f \cdot h \cdot f)/(\lambda \cdot f)$$

Eliminando os termos em evidência, resulta:

$$\alpha = \lambda \cdot f^2$$

Logo, posso afirmar que a aceleração de um corpúsculo é igual ao comprimento de onda em produto com o quadrado da frequência.

11. Aceleração Definida Cinematicamente

A cinemática galileana demonstra que a aceleração é igual ao quociente da velocidade, inversa pelo período.

Simbolicamente, o referido enunciado é expresso pela seguinte relação:

$$\alpha = V/T$$

Porém, sabe-se que a frequência e o período são relações inversas.

Logo, posso escrever simbolicamente que:

$$T = 1/f$$

Substituindo convenientemente as duas últimas relações, obtém-se que:

$$\alpha = V \cdot f$$

Portanto, posso concluir que a aceleração é igual à velocidade do corpúsculo em produto com a frequência.

Capítulo II
Novos Conceitos

1. Introdução

A Mecânica Clássica permite afirmar que a quantidade de movimento se iguala ao impulso, o que permite concluir que a quantidade de movimento de uma partícula é igual à força a qual a partícula está sujeita em produto com a variação de tempo.

Simbolicamente, o referido enunciado é expresso por:

$$Q = F \cdot \Delta t$$

Porém, em se tratando de conceitos ondulatórios, posso afirmar que a quantidade de movimento de um pulso de onda de matéria é igual à força a qual o corpúsculo está sujeito em produto com o período.

O referido enunciado é expresso simbolicamente pela seguinte igualdade:

$$Q = F \cdot T$$

Porém, sabe-se que o período é o inverso da frequência e vice-versa.

Logo, posso escrever que:

$$T = 1/f$$

Substituindo convenientemente as duas últimas expressões, vem que:

$$Q = F/f$$

Logo, posso concluir que a quantidade de movimento é igual ao quociente da força, inversa pela frequência.

2. Quantidade de Momento Angular

É perfeitamente possível afirmar que o momento angular é igual à quantidade de movimento em produto com o raio.

Simbolicamente, o referido enunciado é expresso pela seguinte igualdade:

$$L = Q . R$$

Substituindo convenientemente as duas últimas expressões, resulta que:

$$L = F . R/f$$

Logo, posso afirmar que o momento angular é igual ao quociente da força em produto com o raio, inversa pela frequência.

3. Força Centrífuga

A força centrífuga é igual à quantidade de movimento em produto com a velocidade, inversa pelo raio.

Simbolicamente, o referido enunciado é expresso pela seguinte relação:

$$F_c = Q . V/R$$

Sabe-se que a quantidade de movimento é igual ao quociente da intensidade de força inversa pela frequência.

O referido enunciado é expresso pela seguinte relação:

$$Q = F/f$$

Substituindo convenientemente as duas últimas expressões, vem que:

$$F_c = F \cdot V/f \cdot R$$

Porém, a velocidade de um corpúsculo associado a uma onda é igual ao comprimento de onda em produto com a frequência.

Simbolicamente, o referido enunciado é expresso por:

$$V = \lambda \cdot f$$

Substituindo convenientemente as duas últimas equações, vem que:

$$F_c = F \cdot \lambda \cdot f/f \cdot R$$

Eliminando os termos em evidência, vem que:

$$F_c = F \cdot \lambda/R$$

Logo, posso afirmar que a força centrífuga é igual ao quociente da intensidade da força linear em produto com o comprimento de onda, inversa pelo raio da órbita do corpúsculo.

4. Massa

Demonstrei que a quantidade de movimento de um corpúsculo é igual ao quociente da intensidade de força, inversa pela frequência.

Simbolicamente, o referido enunciado é expresso pela seguinte relação:

$$Q = F/f$$

Sabe-se que a quantidade de movimento clássico é igual à massa do corpúsculo em produto com a velocidade do mesmo.
O referido enunciado é expresso simbolicamente pela seguinte relação:

$$Q = m \cdot V$$

Igualando convenientemente as duas últimas equações, resulta que:

$$m \cdot V = F/f$$

Assim, posso escrever que:

$$m = F/(f \cdot V)$$

Desse modo, posso afirmar que a massa é igual ao quociente da intensidade de força, inversa pela frequência em produto com a velocidade.
Porém, sabe-se que a velocidade é igual ao comprimento de onda em produto com a frequência.
Simbolicamente, o referido enunciado é expresso pela seguinte igualdade:

$$V = \lambda \cdot f$$

Substituindo convenientemente as duas últimas expressões, vem que:

$$m = F/f \cdot \lambda \cdot f$$

Assim, posso escrever que:

$$m = F/f^2 \cdot \lambda$$

Portanto, conclui-se que a massa é igual ao quociente da intensidade de força inversa pelo quadrado da frequência em produto com o comprimento de onda.

5. Energia Cinética

A Mecânica Clássica afirma que a energia cinética de uma partícula é igual à metade da quantidade de movimento em produto com a velocidade.

Simbolicamente, o referido enunciado é expresso pela seguinte relação:

$$W_c = Q \cdot V/2$$

Porém, sabe-se que a quantidade de movimento é igual ao quociente da intensidade de força, inversa pela frequência.

Simbolicamente, o referido enunciado é expresso pela seguinte relação:

$$Q = F/f$$

Substituindo convenientemente as duas últimas expressões, vem que:

$$W_c = F \cdot V/2f$$

Logo, posso afirmar que a energia cinética de um corpúsculo é igual à metade da intensidade de força em produto com a velocidade, inversa pela frequência.

Porém, sabe-se que a velocidade de um pulso de onda de matéria é igual ao produto entre a frequência e o comprimento de onda.

Simbolicamente, o referido enunciado é expresso por:

$$V = f \cdot \lambda$$

Substituindo convenientemente as duas últimas expressões, vem que:

$$W_c = F \cdot f \cdot \lambda/2f$$

Eliminando os termos em evidência, resulta que:

$$W_c = F \cdot \lambda/2$$

Dessa maneira, posso afirmar que a energia cinética de um corpúsculo é igual à metade intensidade de força a qual está sujeito em produto com o comprimento de onda que apresenta.

6. Potência de um Pulso

Foi demonstrado que a potência de um pulso de onda de matéria é igual à sua energia em produto com a frequência.

Simbolicamente, o referido enunciado é expresso por:

$$p = W \cdot f$$

Porém, demonstrei que a energia cinética de um pulso de onda de matéria é igual à metade da intensidade de força em produto com o comprimento de onda.

O referido enunciado é expresso simbolicamente pela seguinte relação:

$$W_c = F \cdot \lambda/2$$

Substituindo convenientemente as duas últimas expressões, vem que:

$$p = F \cdot \lambda \cdot f/2$$

Logo, posso afirmar que a potência é igual à metade da intensidade de força em produto com o comprimento de onda multiplicada pela frequência.

7. Força Definida Através do Conceito de Massa

O grande físico inglês Sir Isaac Newton, demonstrou que a intensidade de força em uma partícula clássica é igual ao produto entre a massa de tal partícula pela aceleração que a referida partícula está submetida.

Simbolicamente, o referido enunciado é expresso por:

$$F = m \cdot \alpha$$

Porém, demonstrei que a aceleração de um corpúsculo é igual ao comprimento de onda em produto com o quadrado da frequência.

O referido enunciado é expresso simbolicamente por:

$$\alpha = \lambda \cdot f^2$$

Substituindo convenientemente as duas últimas expressões, resulta que:

$$F = m \cdot \lambda \cdot f^2$$

Portanto, posso afirmar que a intensidade de força é igual à massa do corpúsculo em produto com o comprimento de onda multiplicada pelo quadrado da frequência do pulso material.

8. Dualidade Entre Partícula e Onda

Demonstrei que a força na qual uma partícula está sujeita é igual ao quociente da constante de Planck em produto com a frequência, inversa pelo comprimento de onda.

Simbolicamente, o referido enunciado é expresso pela seguinte relação:

$$F = h \cdot f/\lambda$$

Igualando convenientemente as duas últimas equações, resulta que:

$$h \cdot f/\lambda = m \cdot \lambda \cdot f^2$$

Portanto, posso escrever que:

$$h \cdot f = m \cdot \lambda^2 \cdot f^2$$

Sabe-se que o quadrado da velocidade é igual ao quadrado do comprimento de onda em produto com o quadrado da frequência.

Simbolicamente, o referido enunciado é expresso por:

$$V^2 = \lambda^2 \cdot f^2$$

Substituindo convenientemente as duas últimas expressões, vem que:

$$h \cdot f = m \cdot V^2$$

Portanto, o conceito de dualidade entre onda e partícula permite afirmar que a constante de Planck em produto com a frequência é igual à massa do corpúsculo em produto com o quadrado da velocidade.

Capítulo III
Modelo Atômico

1. Introdução

O modelo atômico simples apresentado nesta obra é muito bem sucedido ao ser aplicado em um sistema hidrogenóide. E pode ter uma tremenda influência no desenvolvimento de uma teoria atômica geral.

A distinção entre o modelo atômico simples e o de Bohr, consiste no seguinte: enquanto que o modelo simples se fundamenta exclusivamente nos aspectos quânticos o de Bohr é fundamentado em parte na física clássica e uma parta na física quântica.

2. Postulados Fundamentais

a) O átomo é um sistema vazio e neutro.

b) Os elétrons giram em redor do núcleo em órbitas estacionárias.

c) Os elétrons apresentam movimentos ondulatórios.

d) Os elétrons quando ganham energia são solicitados para órbitas mais externas.

e) O elétron ao retornarem para órbitas mais interna dissipam energia.

f) A quantidade de movimento angular do elétron deve ser um múltiplo inteiro de (**L = n . h/2π**) onde (n = número inteiro natural).

Baseado nesses postulados é possível desenvolver uma teoria atômica simples, admitindo um sistema hidrogenóide. (Átomo de hidrogênio ou íon monoeletrônico).

3. Equilíbrio de Forças

Suponha-se que o elétron do átomo de hidrogênio percorra em seu movimento ondulatório, uma órbita circular de raio (R), concêntrica com o núcleo. Admita-se que o centro de massa do sistema coincida praticamente com a do núcleo.

Em movimento circular uniforme a força centrífuga é igual à força centrípeta. Como o elétron em sua órbita encontra-se sob a ação de uma força elétrica; posso afirmar que a força elétrica é igual à força centrípeta.

Logo, posso escrever simbolicamente que:

$$F = F_c$$

Onde:

Força elétrica é representa por (**F**) e
Força centrípeta por (**F$_c$**).
De acordo com a lei de Coulomb, posso escrever que a força elétrica é simbolicamente expressa por:

$$F = (1/4\pi . \varepsilon_0) . (Z . e^2/R^2)$$

Como:

$$k = 1/4\pi . \varepsilon_0$$

Posso escrever:

$$F = k \cdot Z \cdot e^2/R^2$$

Demonstrei que a força centrífuga é expressa por:

$$F_c = h \cdot f/R$$

Igualando convenientemente as duas últimas equações, vem que:

$$F = F_c = (1/4\pi \cdot \varepsilon_0) \cdot (Z \cdot e^2/R^2) = h \cdot f/R$$

Ou:

$$F = F_c = k \cdot Z \cdot e^2/R^2 = h \cdot f/R$$

Portanto:

$$k = Z \cdot e^2/R^2 = h \cdot f/R$$

Eliminando os termos em evidência, vem que:

$$k \cdot Z \cdot e^2 = h \cdot f/R$$

4. Conservação da Energia

O princípio da conservação da energia permite afirmar que a energia total (E_t) é igual à energia cinética (E_c) adicionada com a energia potencial (E_p).

Simbolicamente, o referido enunciado é expresso por:

$$E_t = E_c + E_p$$

Demonstrei que a energia cinética é expressa por:

$$E_c = h . f/2$$

Sabe-se que energia potencial é expressa por:

$$E_p = - k . Z . e^2/R$$

Logo, substituindo convenientemente as três últimas expressões, resulta que:

$$E_t = (h . f/2) - (k . Z . e^2/R)$$

Que substituindo convenientemente com a seguinte equação:

$$k . Z . e^2 = h . f . R$$

Posso escrever que:

$$E_t = (h . f/2) - (h . f)$$

Portanto, conclui-se que:

$$E_t = - h . f/2$$

Ou então:

$$E_t = (k . Z . e^2/2R) - (k . Z . e^2/R)$$

Portanto, conclui-se que:

$$E_t = - k . Z . e^2/2R$$

I) Baseado na conservação da energia expressa pela equação

$$E_t = - h \cdot f/2$$

II) Baseado no equilíbrio de forças expressa pela equação

$$k \cdot Z \cdot e^2/R = h \cdot f \cdot R$$

III) E baseado na quantidade de movimento angular expressa por:

$$L = h \cdot R/\lambda = h \cdot h/2\pi$$

Posso determinar as seguintes verdades:

A) *Velocidade de Propagação do Elétron*

A relação entre **II** e **III**, implica que:

$$(h \cdot f \cdot R)/(h \cdot R/\lambda) = (K \cdot Z \cdot e^2)/(n \cdot h/2\pi)$$

Logo, posso escrever que:

$$h \cdot f \cdot R.\lambda/h \cdot R = K \cdot Z \cdot e^2 \cdot 2\pi/h$$

Eliminando os termos em evidência, resulta que:

$$f \cdot \lambda = (Z/n) \cdot (K \cdot e^2 \cdot 2\pi/h)$$

A velocidade de um elétron associado a uma onda é igual à frequência em produto com o comprimento de onda. Simbolicamente, o referido enunciado é expresso por:

$$V = f \cdot \lambda$$

Portanto, substituindo convenientemente as duas últimas equações, resulta que:

$$V = (Z/n) . (K . e^2 . 2\pi/h)$$

E assim apresento a equação que traduz a velocidade de propagação do elétron.

B) *Frequência do Elétron*

A frequência da onda de matéria do elétron em seu movimento orbital é expressa por:

$$f = (Z/n . \lambda) . (K . e^2 . 2\pi/h)$$

C) *Comprimento de Onda do Elétron*

O comprimento de onda do elétron em sua órbita é expressa por:

$$\lambda = (Z/n . f) . (K . e^2 . 2\pi/h)$$

Nas referidas equações aparece uma série de constantes que podem ser representadas por uma constante generalizada. Simbolicamente, posso escrever que:

$$B = K . e^2 . 2\pi/h$$

Substituindo convenientemente as quatro últimas expressões, resulta que:

a) $V = B Z/n$

b) $\quad$ **f = B Z/n . λ**

c) $\quad$ **λ = B Z/n . f**

D) *Frequência do Elétron em Termos de Raio*

$\quad$ A equação do equilíbrio entre forças permite afirmar que:

$$K . e^2/R^2 = h . f/R$$

Portanto, posso escrever que:

$$f = K . Z . e^2/h . R$$

E) *Quantidade de Movimento*

$\quad$ "De Broglie" demonstrou que a quantidade de movimento de um corpúsculo é igual ao quociente da constante de Planck, inversa pelo comprimento de onda.

$\quad$ Simbolicamente, o referido enunciado é expresso pela seguinte relação:

$$Q = h/\lambda$$

$\quad$ A equação do equilíbrio de forças permite escrever que:

$$h = K Z . e^2/f . R$$

Logo, posso escrever que:

$$Q = h/\lambda = K . Z . e^2/\lambda . f . R$$

F) *Momento Angular do Elétron*

O momento angular do elétron é igual à quantidade de movimento em produto com o raio.

Simbolicamente, o referido enunciado é expresso pela seguinte igualdade:

$$L = Q \cdot R$$

Substituindo convenientemente as duas últimas expressões, obtém-se que:

$$L = Q \cdot R = h \cdot R/\lambda = K \cdot Z \cdot e^2/\lambda \cdot f \cdot R$$

Eliminando os termos em evidência, vem que:

$$L = K \cdot Z \cdot e^2/\lambda \cdot f$$

G) *Cálculo da Distância do Elétron ao Núcleo*

Demonstrei que o momento angular de um elétron é expresso por:

$$L = h \cdot R/\lambda$$

Afirmei que o comprimento de onda de um elétron é expresso por:

$$\lambda = K \cdot Z \cdot e^2 \cdot 2\pi/n \cdot f \cdot h$$

Substituindo convenientemente as duas últimas expressões, vem que:

$$L = h . R/\lambda = (h . R)/(K . Z . e^2 . 2\pi/n . f . h)$$

Logo, posso escrever que:

$$L = h . R . n . f . h/K . Z . e^2 . 2\pi$$

Bohr afirmou que o momento angular do elétron é expresso por:

$$L = n . h/2\pi$$

Igualando convenientemente as duas últimas expressões, resulta:

$$h^2 . R . n . f/K . Z . e^2 . 2\pi = n . h/2\pi$$

Eliminando os termos em evidência, resulta que:

$$h . R . f/K . Z . e^2 = 1$$

Logo, posso escrever que o raio é expresso por:

$$R = K . Z . e^2/h . f$$

Separando as grandezas variáveis das constantes, vem que:

$$R = (Z/f) . (K . e^2/h)$$

H) *Novo Cálculo do Raio do Elétron*

Posso afirmar que o momento angular do elétron pode ser expresso por:

$$L = n \cdot h \cdot R/\lambda$$

Bohr afirmou que o momento angular do elétron pode ser expresso por:

$$L = n \cdot h/2\pi$$

Igualando convenientemente as duas últimas expressões, resulta que:

$$n \cdot h \cdot R/\lambda = n \cdot h/2\pi$$

Eliminando os termos em evidência, resulta que:

$$R = \lambda/2\pi$$

Porém, o comprimento de onda pode ser expresso por:

$$\lambda = K \cdot Z \cdot e^2 \cdot 2\pi/n \cdot f \cdot h$$

Substituindo convenientemente as duas últimas expressões, resulta que:

$$R = (1/2\pi) \cdot (K \cdot Z \cdot e^2 \cdot 2\pi/n \cdot f \cdot h)$$

Eliminando os termos em evidência, resulta que:

$$R = K \cdot Z \cdot e^2/n \cdot f \cdot h$$

Logo, posso escrever que:

$$R = (Z/n \cdot f) \cdot (K \cdot e^2/h)$$

I) *Cálculo do Raio*

A Mecânica Clássica afirma o que momento angular é igual ao produto entre a massa, entre a velocidade e entre o raio da órbita da partícula.

Simbolicamente, o referido enunciado é expresso por:

$$L = m \cdot V \cdot R$$

Demonstrei que a massa de um corpúsculo é expressa por:

$$m = h/\lambda^2 \cdot f$$

Substituindo convenientemente as duas últimas expressões, resulta que:

$$L = h \cdot V \cdot R/\lambda^2 \cdot f \cdot$$

Que substituindo com a equação da velocidade de um elétron, resulta que:

$$L = (h/\lambda^2 \cdot f) \cdot (Z/n) \cdot (K \cdot e^2 \cdot 2\pi/h) \cdot R$$

Eliminando os termos em evidência, resulta que:

$$L = (K \cdot Z \cdot e^2 \cdot 2\pi/n \cdot f \cdot \lambda^2) \cdot R$$

Bohr demonstrou que:

$$L = n \cdot h/2\pi$$

Igualando convenientemente as duas últimas expressões, resulta que:

$$K \cdot Z \cdot e^2 \cdot 2\pi \cdot R/n \cdot f \cdot \lambda^2 = n \cdot h/2\pi$$

Portanto, posso escrever que:

$$R = n \cdot h \cdot n \cdot \lambda^2 \cdot f/2\pi \cdot K \cdot Z \cdot e^2 \cdot 2\pi$$

Logo, vem que:

$$R = n^2 \cdot h \cdot \lambda^2 \cdot f/4\pi^2 \cdot K \cdot Z \cdot e^2$$

Separando convenientemente as grandezas, resulta que:

$$R = (n^2/Z) \cdot (h \cdot \lambda^2 \cdot f/4\pi^2 \cdot K \cdot e^2)$$

J) *Cálculo da Energia do Elétron Numa Órbita Qualquer*

Demonstrei que:

$$E = - K \cdot Z \cdot e^2/2R$$

Afirmei que o raio é expresso por:

$$R = (n^2/Z) \cdot (h \cdot \lambda^2 \cdot f/4\pi^2 \cdot K \cdot e^2)$$

Substituindo convenientemente as duas últimas expressões, resulta que:

$$E = - (1/2) \cdot (K \cdot Z \cdot e^2)/[(n^2/Z) \cdot (h \cdot \lambda^2 \cdot f/4\pi^2 \cdot K \cdot e^2)]$$

Portanto, vem que:

$$E = - (1/2) \cdot (K^2 \cdot Z^2 \cdot e^4 \cdot 4\pi^2/n^2 \cdot h \cdot \lambda^2 \cdot f)$$

Assim, conclui-se que:

$$E = - (Z^2/n^2) . (2K^2 . e^4 . \pi^2/h . \lambda^2 . f)$$

Supondo uma transição de um elétron do nível (n_2) (externo) para (n_1) (interno) cujas energias valem respectivamente: (E_2) e (E_1); o retorno do elétron de ($n_2 \rightarrow n_1$) corresponde a uma variação de energia:

$$\Delta E = E_1 - E_2$$

Portanto, posso escrever que:

$$\Delta E = (2K^2 . e^4 . \pi^2/h . \lambda^2 . f) . (Z^2) . (1/n^2_2 - 1/n^2_1)$$

Evidentemente, quando ($\Delta E < 0$), o sistema libera energia.

L) *Energia em Uma Órbita Qualquer*

Foi demonstrado que:

$$E = - K . Z . e^2/2R$$

Demonstrei que:

$$R = (Z/f) . (K . e^2/h)$$

Substituindo convenientemente as duas últimas expressões, resulta que:

$$E = - (½) . (K . Z . e^2)/[(Z/f) . (K . e^2/h)]$$

Logo, posso escrever que:

$$E = - (½) . (K . Z . e^2 . f . h/Z . K . e)$$

Eliminando os termos em evidência, vem que:

$$E = - e . f . h/2$$

Portanto, conclui-se que:

$$E = - f . e . h/2$$

Supondo uma transição de um elétron de um nível (n_2) (externo) onde a frequência é (f_2) para um nível (n_1) (interno) onde a frequência é (f_1), e cujas energias valem respectivamente: (E_2) e (E_1); o retorno do elétron de (f_2) para (f_1), corresponde a uma variação de energia.

$$\Delta E = E_1 - E_2$$

Então, resulta que:

$$\Delta E = (e . h/2) . (f_2 - f_1)$$

M) *Novo Cálculo da Energia Numa Órbita Qualquer*

Demonstrei que:

$$R = (Z/n . f) . (K . e^2/h)$$

Sabe-se que a energia é expressa por:

$$E = - K . Z . e^2/2R$$

Substituindo convenientemente as duas últimas expressões, resulta que:

$$E = - (\tfrac{1}{2}) . (K . Z . e^2)/[(Z . K . e^2/n . f . h)]$$

Portanto, resulta que:

$$E = - (\tfrac{1}{2}) . (K . Z . e^2 . n . f . h/Z . K . e^2$$

Eliminando os termos em evidência, resulta que:

$$E = - n . f . h/2$$

Supondo uma transição de um elétron de um nível (n_2) (externo) onde a frequência é (f_2) para um nível (n_1) (interno) onde a frequência é (f_1), e cujas energias valem respectivamente: (E_2) e (E_1); o retorno do elétron de (n_2) e (f_2) para (n_1) e (f_1), corresponde a uma variação de energia.

$$\Delta E = E_1 - E_2$$

Então, resulta que:

$$\Delta E = (h/2) . (n_2 . f_2 - n_2 . f_1)$$

N) *Nova Equação de Energia Para Uma Órbita Qualquer*

Demonstrei que:

$$E = - h . f/2$$

Também, afirmei que:

$$f = (Z/n . \lambda) . (K . e^2 . 2\pi/h)$$

Substituindo convenientemente as duas últimas expressões, resulta que:

$$E = - (½) . (h . Z/n . \lambda) . (K . e^2 . 2\pi/h)$$

Eliminando os termos em evidência, resulta que:

$$E = - 1 . (Z/n . \lambda) . (K . e^2 . \pi)$$

Supondo uma transição de um elétron de um nível (n_2) onde o comprimento de onda é (λ_2) para um nível (n_1), onde o comprimento de onda é (λ_1), cujas energias valem respectivamente: (E_2) e (E_1); o retorno do elétron de $(n_2 \to n_1)$, corresponde a uma variação do comprimento de onda de $(\lambda_2 \to \lambda_1)$, que acarreta a uma variação de energia.

$$\Delta E = E_1 - E_2$$

Logo, conclui-se que:

$$\Delta E = K . e^2 . \pi . Z . (1/n_2 . \lambda_2 - 1/n_1 . \lambda_1)$$

O) *Cálculo da Frequência do Elétron Numa Órbita Qualquer*

Demonstrei que:

$$f = (Z/n . \lambda) . (K . e^2 . 2\pi/h)$$

Supondo uma transição de um elétron do nível (n_2) onde o comprimento de onda é (λ_2) para um nível (n_1), onde o comprimento de onda é (λ_1), cujas frequências valem respectivamente: (f_2) e (f_1); o retorno do elétron de $(n_2 \to n_1)$, corresponde a uma variação de frequência:

$$\Delta f = f_1 - f_2$$

Logo, vem que:

$$\Delta f = (K \cdot e^2 \cdot 2\pi/h) \cdot [Z \cdot (1/n_1 \cdot \lambda_1 - 1/n_2 \cdot \lambda_2)]$$

P) *Cálculo do Comprimento de Onda do Elétron Numa Órbita Qualquer*

Demonstrei que:

$$\lambda = (Z/n \cdot f) \cdot (K \cdot e^2 \cdot 2\pi/h)$$

Supondo uma transição de um elétron do nível (n_2) onde a frequência é (f_2) para um nível (n_1), onde a frequência é (f_1), cujos comprimentos de ondas valem respectivamente: (λ_2) e (λ_1); o retorno do elétron de ($n_2 \rightarrow n_1$), corresponde a uma variação do comprimento de onda:

$$\Delta\lambda = \lambda_1 - \lambda_2$$

Logo, resulta que:

$$\Delta\lambda = (K \cdot e^2 \cdot 2\pi/h) \cdot [Z \cdot (1/n_1 \cdot f_1 - 1/n_2 \cdot f_2)]$$

Q) *Comprimento de Onda de Uma Radiação Emitida Por Um Elétron*

Considere que para os fenômenos luminosos a velocidade de propagação é uma constante igual ao produto entre a frequência e o comprimento de onda de tal radiação eletromagnética.

Simbolicamente, posso escrever que:

$$c = \delta . \Omega$$

A lei de Max Planck afirma que a energia associada a uma onda é proporcional à sua frequência.

O referido enunciado é expresso simbolicamente pela seguinte igualdade:

$$E = h . \delta$$

Considere que a energia (E_{luz}) absorvida corresponde à energia ($-\Delta E$) do elétron.

Demonstrei que:

$$\Delta E = (2K^2 . e^4 . \pi^2/h . \lambda^2 . f) . [Z^2 . (1/n^2_2 - 1/n^2_1)]$$

Logo, substituindo convenientemente as três últimas expressões, posso escrever que:

$$E = h . \delta = h . c/\Omega = (-2K^2 . e^4 . \pi^2/h . \lambda^2 . f) . [Z^2 . (1/n^2_2 - 1/n^2_1)]$$

Desse modo, posso escrever que:

$$1/\Omega = (2K^2 . e^4 . \pi^2/h^2 . \lambda^2 . f . c) . [Z^2 . (1/n^2_2 - 1/n^2_1)]$$

R) *Nova Equação do Comprimento de Onda de Uma Radiação Oriunda de Um Elétron*

Demonstrei que:

$$\Delta E = (½) . e . h . (f_2 - f_1)$$

Portanto, posso escrever que:

$$E = h \cdot c/\Omega = - (\tfrac{1}{2}) \cdot e \cdot h \cdot (f_2 - f_1)$$

Logo, resulta que:

$$1/\Omega = (\tfrac{1}{2}) \cdot (e \cdot h/h \cdot c) \cdot (f_2 - f_1)$$

Eliminando os termos em evidência, vem que:

$$1/\Omega = (e/2\ c) \cdot (f_2 - f_1)$$

S) *Equação do Comprimento de Onda de Uma Radiação*

Demonstrei que:

$$\Delta E = (h/2) \cdot (n_2 \cdot f_2 - n_1 \cdot f_1)$$

Desse modo, posso escrever que:

$$E = h \cdot c/\Omega = - (h/2) \cdot (n_2 \cdot f_2 - n_1 \cdot f_1)$$

Assim, resulta:

$$1/\Omega = (h/2 \cdot h \cdot c) \cdot (n_2 \cdot f_2 - n_1 \cdot f_1)$$

Eliminando os termos em evidência, vem que:

$$1/\Omega = (1/2\ c) \cdot (n_2 \cdot f_2 - n_1 \cdot f_1)$$

T) *Cálculo da Frequência de Uma Radiação Eletromagnética Oriunda de Um Elétron*

Max Planck demonstrou que:

$$E = h \cdot J$$

Onde:

(**J**) corresponde à frequência da radiação, e
(**h**) corresponde à constante de Planck.

Demonstrei que:

$$\Delta E = (h/2) \cdot (n_2 \cdot f_2 - n_1 \cdot f_1)$$

Igualando convenientemente as duas últimas expressões, resulta que:

$$h \cdot J = (h/2) \cdot (n_2 \cdot f_2 - n_1 \cdot f_1)$$

Portanto, vem que:

$$J = (h/2 \cdot h) \cdot (n_2 \cdot f_2 - n_1 \cdot f_1)$$

Eliminando os termos em evidência, resulta que:

$$J = (½) \cdot (n_2 \cdot f_2 - n_1 \cdot f_1)$$

Desse modo, conclui-se que no átomo de hidrogênio a frequência da radiação eletromagnética emitida por tal átomo, implica que a mesma é a média da transição da frequência do elétron.

U) *Novo Cálculo da Frequência Eletromagnética Oriunda de Um Átomo*

Demonstrei que:

$$\Delta E = (\tfrac{1}{2}) . e . h . (f_2 - f_1)$$

Portanto, posso escrever que:

$$h . J = (\tfrac{1}{2}) . e . h . (f_2 - f_1)$$

Assim, vem que:

$$J = (\tfrac{1}{2}) . e . h/h . (f_2 - f_1)$$

Eliminando os termos em evidência, resulta que:

$$J = (e/2) . (f_2 - f_1)$$

V) *Equação da Frequência Eletromagnética Oriunda de Um Átomo*

Afirmei que:

$$\Delta E = (2K^2 . e^4 . \pi^2/h . \lambda^2 . f) . [Z^2 . (1/n_2^2 - 1/n_1^2)]$$

Logo, posso afirmar que:

$$h . J = (2K^2 . e^4 . \pi^2/h . \lambda^2 . f) . [Z^2 . (1/n_2^2 - 1/n_1^2)]$$

Assim, resulta que:

$$J = (2K^2 . e^4 . \pi^2/h^2 . \lambda^2 . f) . [Z^2 . (1/n_2^2 - 1/n_1^2)]$$

Radiação

Leandro Bertoldo

Capítulo I
Radiação

1. Introdução

Nesta obra tratarei do estudo das cargas radiantes em conjunto, o que corresponde à radiação eletromagnética. Entre os efeitos da radiação eletromagnética analisarei principalmente o efeito térmico e os corpos onde ele ocorre: o corpo negro. Apresentarei os processos para medir a intensidade da radiação.

Neste capítulo, conceituarei radiação e analisarei a energia e a potência da radiação eletromagnética.

2. A Radiação Eletromagnética

No presente estudo serão consideradas situações que envolvem um número muito grande de fótons.

Assim, ao dobrar o número de fótons que cruza uma superfície, meramente dobra a intensidade da radiação.

No espectro visível, ao dobrar o número de fótons que cruzam uma dada superfície, simplesmente dobra a intensidade da iluminação.

No que se refere ao efeito hertz, a incidência de mais fótons aumenta a quantidade de elétrons liberados pelo referido efeito.

3. Área

A área da seção da radiação eletromagnética corresponde a uma região plana no espaço, a qual a radiação atravessa.

Para início do meu artigo vou considerar uma área que secciona na perpendicularmente a radiação eletromagnética.

De acordo com os referidos conceitos, a área da seção transversal ao cortar a radiação eletromagnética, vai mostrar certo número de fótons que passa através daquela região seccionada.

4. Intensidade de Radiação

Seja (**n**) o número de fótons que atravessam a seção transversal desde o instante (**t**) até o instante (**t + Δt**). Como cada fóton apresenta a carga elementar (**h**), e no intervalo de tempo (**Δt**), passa pela secção transversal localizada no espaço a carga radiante de valor absoluto.

Simbolicamente, a referida conclusão é expressa por:

$$\Delta Q = n \cdot h$$

Quando a secção transversal no plano secciona perpendicularmente a radiação; defino "intensidade média de radiação eletromagnética", no intervalo de tempo (**t ⊢⊣ t + Δt**), o quociente expresso por:

$$I_m = \Delta Q / \Delta t$$

Quando a radiação varia com o tempo, define-se "intensidade de radiação em um instante (**t**)", o limite para o qual tende a intensidade média, quando o intervalo de tempo (**Δt**) tende a zero:

$$I = \lim_{\Delta t \to 0} \Delta Q / \Delta t$$

Para generalizar o conceito de intensidade média de radiação eletromagnética considere uma superfície plana imersa e seccionando uma radiação eletromagnética que se propaga no espaço.

Nesse tipo de superfície conclui-se que a intensidade média da radiação eletromagnética que cruza um determinado plano, é dada pela seguinte expressão:

$$I_m = \Delta Q/\Delta t \cdot \cos\theta$$

Onde:

(**I**) corresponde a intensidade média da radiação eletromagnética.

(**ΔQ**) corresponde à variação da quantidade de carga.

(**Δt**) corresponde à variação de tempo.

(**θ**) ângulo formado entre a normal (**n**), a superfície plana e o vetor campo eletromagnético (**e**).

Observe que a intensidade média da radiação eletromagnética é positiva quando o ângulo (**θ**) for agudo (**0 < θ < 90°**).

Quando o ângulo (**θ**) for obtuso (**90° < 0 < 180°**) a intensidade média da radiação eletromagnética é negativa.

Observe ainda que a intensidade média da radiação eletromagnética é máxima quando o ângulo é nulo (**θ = 0°**). Nesse caso o plano é perpendicular ao sentido de propagação da radiação. Então, é expressa pela seguinte equação:

$$I_m = \Delta Q/\Delta t$$

$$I_m = I_{máx}$$

Evidentemente a intensidade média da radiação eletromagnética é nula quando o ângulo corresponde a noventa graus (**θ = 90°**).

5. Radiação Eletromagnética Contínua

Denomino por radiação eletromagnética contínua, toda radiação de sentido e intensidade constantes com o tempo. Neste caso a intensidade média da radiação (I_m) em qualquer intervalo de tempo (Δt) é a mesma e, portanto igual à intensidade (I) em qualquer instante (t).
O referido enunciado é expresso simbolicamente pela seguinte igualdade:

$$I_m = I$$

6. Gráfico da Intensidade da Radiação

A figura que se segue mostra um tipo de gráfico da intensidade de radiação eletromagnética em função do tempo. Este é o caso mais simples de radiação eletromagnética com a qual fundamentarei o estudo deste artigo.

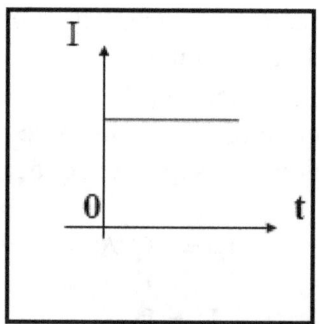

O referido gráfico é denominado por "Diagrama das intensidades das radiações eletromagnéticas"; pois se trata do diagrama que representa a intensidade da radiação eletromagnética em cada instante. Como essa intensidade se mantém constante durante todo o processamento do fenômeno, o gráfico representativo será evidentemente dado por uma reta paralela ao eixo dos tempos.

Observe-se então que pode ser inscrito um retângulo definido pelos pontos (**O, A, B, C**). Sua área será dada por:

Área = base vezes altura

$$\text{Área} \equiv (OC) \cdot (BC) \equiv I \cdot t = t \cdot I$$

Relembre-se que a definição da intensidade da radiação eletromagnética é expressa por:

$$I = \Delta Q / \Delta t$$

Então, vem que:

$$\Delta Q = I \cdot \Delta t$$

Isto permite concluir que a área do retângulo fornece numericamente a quantidade de carga radiante que atravessa um plano que secciona a radiação eletromagnética.

Simbolicamente, o referido enunciado é expresso por:

$$\text{Área} = \Delta Q$$

$$\Delta A = \Delta Q$$

Assim, por conclusão, sempre que se desejar obter a quantidade de carga que atravessa um plano que secciona a radiação, bastará simplesmente calcular a área do retângulo descrito no coordenada do sistema cartesiano, cuja base representa o intervalo de tempo considerado e cuja altura represente a intensidade da radiação eletromagnética.

O próximo tipo de gráfico é denominado por "diagrama das cargas radiantes ou dos fótons". Pretendo representa graficamente as diversas quantidades de cargas que atravessam um determinado plano da região do espaço numa intensidade média de radiação eletromagnética. Tal fenômeno tem como equação ($Q = Q_0 + i \cdot t$); esta apresenta a forma de uma equação do primeiro grau ou equação linear, do tipo ($y = a + b \cdot x$), que apresenta como gráfico uma reta. Adotarei então os eixos cartesianos (x) e (y), tomando em seus lugares, respectivamente, (t) e (Q).

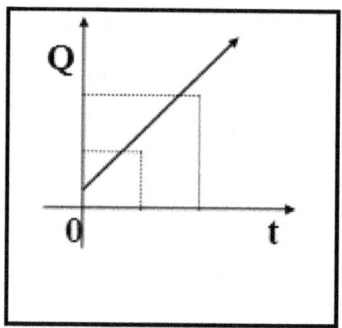

Considerando o triângulo retângulo (**ABC**), tem-se que:

$$Tg\alpha = [BC/AC]^{N=} [Q - Q_0/t - 0] = I$$

$$Tg\alpha^{N=} I$$

Isto simplesmente significa que a tangente trigonométrica do ângulo, definido entre a reta das cargas radiantes e o eixo dos tempos, fornece numericamente ($^{N=}$) a intensidade da radiação eletromagnética.

Além da radiação eletromagnética contínua, é extremamente importante estudar a radiação eletromagnética variada, que muda de intensidade e sentido.

7. Unidade de Intensidade de Radiação

A unidade de intensidade de radiação eletromagnética é a unidade fundamental eletromagnética do Sistema Internacional de Unidades (S.I.) e denomina-se Maxwell (símbolo **M**), em homenagem ao cientista escocês, como indicarei com o prosseguimento do presente estudo.

As unidades mais comuns de medida da intensidade de radiação são, Maxwell (**M**) e o Milimaxwell (mM), submúltiplo mil vezes menor que o primeiro: (mM = 1/1000 M).

Submúltiplos - mili - Maxwell (mM)
Micro - Maxwell (μM)

Relações:

$$1 \text{ mM} = 10^{-3} \text{ M}$$
$$1 \text{ μM} = 10^{-6} \text{ M}$$

A partir do "Maxwell", como ($\Delta Q = I \cdot \Delta t$), define-se no SI, a unidade de carga radiante: o Planck (**p**), pois

$$1p = 1M \times 1s$$

Um Planck é igual a um Maxwell vezes um segundo.

Capítulo II
Fluxo da Radiação

1. Introdução

Neste capítulo vou procurar analisar sob o aspecto quântico, o número de fótons que cruzam um dado plano do espaço na unidade de tempo. Essa grandeza é denominada por "fluxo de radiação".

2. Equação do Fluxo da Radiação

Seja então (**T**) um plano no espaço onde um conjunto de fótons atravessa a referida região, verificada em relação a um determinado sistema de referência. Para determinar o número de fótons que cruzam aquele plano em cada instante, fixarei uma origem e adotarei um sentido de deslocamento. Pois, existem situações em que, no instante em que se iniciou a contagem, a radiação não se encontrava exatamente no início, mas sim em um dado estado; denominada por "fótons iniciais".

Assim sendo, digo que a maneira pela qual o número de fótons (n) que atravessam um plano em função do tempo constitui a lei do fluxo da radiação; então, obviamente, o número de fótons é uma função do tempo.

$$n = f(t)$$

Essa equação é aquela que permite determinar o número de fótons que atravessam um plano, em relação a uma origem de contagem em cada instante.

3. Fluxo Médio

Considere certo número de fótons que atravessam um plano qualquer. Seja então (Δn) o número de fótons que atravessam o referido plano durante um intervalo de tempo (Δt). Por definição, chamo por fluxo médio da radiação eletromagnética (R_m), o quociente da variação do número fótons que atravessam um plano do espaço, inversa pela variação de tempo decorrido durante tal fenômeno.

Simbolicamente, o referido enunciado é expresso por:

$$R_m = \Delta n/\Delta t$$

Chama-se por fluxo instantâneo da radiação, o limite do fluxo médio para (Δt) tendendo a zero.

O referido enunciado é expresso simbolicamente por:

$$R_i = \lim_{\Delta t \to 0}$$
$$R_m = \lim_{\Delta t \to 0} \Delta n/\Delta t$$

Em termos matemáticos do cálculo, pode-se representar essa igualdade por:

$$R_i = (dn/dt)$$

Ou seja, o fluxo instantâneo é o valor que se obtém derivando o número dos fótons em relação ao tempo.

4. Unidades de Fluxo da Radiação Eletromagnética

No sistema internacional, a unidade de fluxo da radiação eletromagnética é o fóton por segundo, definido como certo número de fótons que atravessam um plano no espaço em cada segundo.

Então, tem-se como unidade o número de fótons por segundo.

Simbolicamente, o referido enunciado é expresso por:

$$U (R) = n \text{ fótons/s}$$

5. Radiação Uniforme

Vou supor agora que certo número de fótons atravessa um plano qualquer.

Afirmo que a radiação é uniforme quando a relação existente entre o número de fótons que atravessam o plano e os tempos correspondentes para atravessa-lo for constante. Essa sentença permite também afirmar, de outro modo, que o número de fótons é proporcional aos tempos.

Então, posso escrever simbolicamente que:

$$\Delta n_1/\Delta t_1 = \Delta n_2/\Delta t_2 = ... = \Delta n_m/\Delta t_m = \text{constante} \equiv k$$

A proporção, na realidade, indica que o fluxo da radiação escalar média em todo o processamento do fenômeno permanece constante.

Se levar ao limite, obtém-se que:

a) $R_1 = \lim_{\Delta t_1 \to 0} \Delta n_1/\Delta t_1$
b) $R_2 = \lim_{\Delta t_2 \to 0} \Delta n_2/\Delta t_2$
c)   ....
d) $R_m = \lim_{\Delta t \to 0} \Delta n_m/\Delta t_m$

Logo, resulta que:

$$R_1 = R_2 == ... = R_m \equiv \text{constante}$$

Isso, portanto, vem mostrar que a mesma constante que é o fluxo da radiação escalar média em qualquer estágio do processamento do fenômeno é também o fluxo da radiação escalar instantânea em qualquer instante.

Costumo afirmar que essa constante é a característica fundamental que define a radiação uniforme.

Digo então que certo número de fótons que atravessam um determinado plano possui uma radiação uniforme, quando o fluxo da radiação escalar se mantém absolutamente constante durante todo o processamento do fenômeno.

6. Equação da Radiação Uniforme

Uma radiação é uniforme quando o plano é fixo e o fluxo escalar se mantém constante durante todo o decorrer do fenômeno.

Desse modo, pode-se concluir que:

a - Em qualquer estado do fenômeno, o fluxo da radiação escalar média é o mesmo.

b - Em qualquer momento, o fluxo escalar instantâneo da radiação é o mesmo e ainda igual ao seu fluxo escalar médio em qualquer estágio do fenômeno.

c - Atravessam o plano uma quantidade igual de fótons em intervalos de tempos iguais.

Estudarei a radiação eletromagnética uniforme, considerando para tanto uma radiação qualquer.

Para poder me referir aos estados que a radiação irá assumindo em cada instante, será escolhida uma origem arbitrária. Será evidentemente escolhido, para a contagem dos tempos, um instante também arbitrário.

Observe com atenção os detalhes que se seguem:

A - Ao se iniciar a observação e contagem do fenômeno, a radiação não precisa necessariamente se encontrar em sua gênese; ou seja, ela pode estar previamente situada a um dado estágio de seu início.

B - A finalidade do presente estudo é determinar o número de fótons que atravessam um plano, com relação a uma origem fixada, num certo momento.

A letra (**n**) representa e caracteriza o número de fótons em um instante (**t**); com relação à origem, e não o número de fótons que atravessaram o plano ($n - n_0$) no intervalo de tempo que se estende de (t_0) a (**t**).

Introduzirei então uma lei que permita determinar o número de fótons que atravessam o plano em cada instante (**t**).

Durante o intervalo de tempo ($t - t_0 = \Delta t$), o número de fótons que atravessaram o plano foi realmente ($n - n_0 = \Delta n$).

Da definição de fluxo da radiação eletromagnética escalar média, tem-se que:

$$R_m = \Delta n / \Delta t$$

Como no referido caso o fluxo de radiação escalar média se iguala ao fluxo de radiação escalar instantânea ($R_m = R_i$) pode-se escrever que:

$$R = \Delta n / \Delta t = (n - n_0)/\Delta t$$
$$R = (n - n_0)/\Delta t$$

Portanto, resulta que:

$$n - n_0 = R \cdot \Delta t$$
$$n = n_0 + R \cdot \Delta t$$

Esta é a chamada equação do fluxo da radiação eletromagnética uniforme, que possibilita determinar, em cada instante (**t**), o número de fótons que atravessam um plano.

7. Representação Gráfica

a - Diagrama do Número de Fótons

Pretende-se representar graficamente o número de fótons que atravessam um plano, constituindo uma radiação uniforme. Tal radiação tem como equação ($n = n_0 + R \cdot \Delta t$); esta possui a forma de uma equação linear, do tipo ($y = A + B \cdot x$), que apresenta como gráfico uma reta. Adotarei então os eixos cartesianos (**x**) e (**y**), tomando em seus lugares, respectivamente, (**t**) e (**n**).

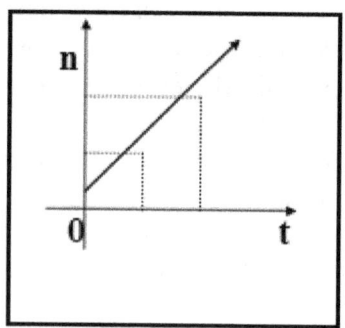

Considerando o triângulo retângulo (**ABC**), tem-se que:

$$\text{Tg}\alpha = BC/AC \quad {}^{N=} n - n_0/\alpha t = R$$
$$R \; {}^{N=} \text{Tg} \; \alpha$$

Isto simplesmente significa que a tangente trigonométrica do ângulo, definido entre a reta dos fótons e o eixo dos tempos, fornece numericamente, o fluxo de radiação.

b - Diagrama dos Fluxos de Radiação

É o diagrama que caracteriza o fluxo da radiação em cada instante. Como esse fluxo se mantém absolutamente constante durante todo o processamento do fenômeno, o gráfico representativo será evidentemente dado por uma reta paralela ao eixo dos tempos.

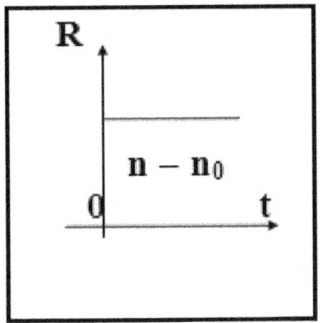

Observa-se então o retângulo definido pelos pontos (**O, A, B, C**). Sua área será dada por:

$$\text{Área (A)} \equiv \text{base . altura}$$

$$\text{Área (A)} \equiv (OC) . (BC) \equiv \Delta t . R = R . \Delta t$$

Relembrando a equação do fluxo de radiação, tem-se que:

$$n = n_0 + R . \Delta t$$
$$n - n_0 = R . \Delta t$$

Isso permite concluir que a área do retângulo fornece numericamente o número de fótons que atravessam o plano.

$$A = n - n_0$$

Assim, por conclusão, sempre que se desejar obter o número de fótons que de fato atravessam uma superfície, bastará simplesmente calcular a área do retângulo, cuja base representa o intervalo de tempo considerado e cuja altura (**A**) representa o fluxo de radiação.

Capítulo III
Energia e Potência da Radiação

1. Introdução

A radiação eletromagnética ao entrar em contanto com a matéria apresenta uma série de efeitos, dependendo da natureza da substância que caracteriza a matéria e da intensidade da radiação eletromagnética. Em meus estudos considero dois efeitos principais da radiação eletromagnética que caracteriza o presente capítulo:

a - Efeito luminoso
b - Efeito químico

O efeito luminoso caracteriza a intensidade luminosa. Com isso quero dizer que numa dada frequência eletromagnética o fóton pode provocar o efeito da visão caracterizando uma cor do espectro. No entanto, a referida cor se torna mais intensa quanto maior for a intensidade luminosa daquela cor; ou seja, quanto maior for a intensidade da radiação eletromagnética.

Devo chamar a atenção para mostrar que a frequência eletromagnética do fóton caracteriza a cor; enquanto que a intensidade da radiação eletromagnética caracteriza a intensidade luminosa.

Evidentemente, ao dobrar a intensidade da radiação, dobra-se a intensidade luminosa e, ao dobrar a intensidade da radiação, simplesmente dobra o número de fótons. Desse modo posso considerar que a densidade da radiação é tanto maior quanto maior for o número de fótons na unidade de volume.

Em outros fenômenos, com, por exemplo, a explosão de uma bomba atômica, a intensidade luminosa é tão intensa que deixa cega as pessoas que olham diretamente para o local da explosão.

2. Densidade da Radiação Eletromagnética

A densidade da radiação eletromagnética é definida como o quociente da intensidade da radiação inversa pela área do plano que secciona a radiação eletromagnética.

De acordo com Einstein, o fóton ocupa um volume bem definido no espaço, como um conjunto de fótons constitui a radiação eletromagnética, então se pode concluir que a radiação eletromagnética ocupa um determinado volume no espaço. Porém, para efeitos práticos consideram-se a área do plano que corta a radiação eletromagnética.

Simbolicamente, o referido enunciado é expresso pela seguinte relação:

$$\xi = I/A$$

3. Unidade de Intensidade Luminosa

Quando um conjunto de fótons oscila numa mesma frequência eletromagnética provocando o efeito da visão, eles caracterizam uma luz monocromática de tal cor, que depende da frequência do fóton.

Evidentemente, a intensidade da radiação, caracteriza a intensidade luminosa da cor; desse modo, quanto maior for o número de fótons que cruzam uma unidade de área, maior será a intensidade da radiação e, portanto a intensidade luminosa.

O fenômeno luminoso trata-se de um efeito fisiológico, e a experiência mostra que existe um "valor mínimo de intensidade luminosa" de uma cor que se pode perceber pela sensação.

Logo se pode empregar esse valor mínimo de densidade da radiação eletromagnética como unidade fundamental de medida da intensidade luminosa, visto que a sensação da visão é um efeito eminentemente fisiológico.

4. Sobre o Efeito Químico

O efeito químico provocado pela radiação eletromagnética constitui uma das mais importantes partes da química moderna: a fotoquímica.

Essa ciência estuda as reações químicas que ocorrem quando uma dada intensidade de radiação eletromagnética incide sobre substâncias, ou então, atravessam certas soluções eletrolíticas.

5. Intensidade e Fluxo da Radiação Eletromagnética

Em capítulos anteriores demonstrei que a intensidade da radiação eletromagnética é igual ao quociente do número de fótons em produto com o valor da carga radiante, inversa pela variação de tempo decorrido no processamento do fenômeno.

Simbolicamente, o referido enunciado é expresso por:

$$I = n \cdot h/\Delta t$$

Afirmei categoricamente que o fluxo de radiação eletromagnética é igual ao quociente do número de fótons que atravessam um determinado plano do espaço, inversa pela variação de tempo decorrido no processamento do fenômeno.

O referido enunciado é expresso simbolicamente pela seguinte relação:

$$R = n/\Delta t$$

Então, substituindo convenientemente as duas últimas expressões, resulta que:

$$I = R \cdot h$$

Portanto, posso afirmar que a intensidade da radiação eletromagnética é igual ao valor do fluxo de radiação em produto com a carga radiante.

Como a carga radiante apresenta um valor absolutamente constante, conclui-se que ao dobrar o fluxo da radiação, obtém-se o dobro da intensidade da radiação eletromagnética.

6. Energia da Radiação Eletromagnética

Considere dois pontos (**A**) e (**B**) de um trecho longitudinal do espaço, onde atravessa uma radiação eletromagnética de intensidade (**I**).

Seja (**f**) a frequência eletromagnética dos fótons que constituem a radiação eletromagnética, em qualquer ponto do espaço compreendido entre os pontos considerados. O movimento das cargas radiantes somente será possível, se for mantida a frequência eletromagnética entre (**A**) e (**B**). Pode-se, então, considerar a frequência eletromagnética como a causa da propagação da radiação eletromagnética.

Chamarei de (**ΔQ**), a variação de carga radiante que, no intervalo de tempo (**Δt**), atravessa esse trecho. No ponto (**A**), a carga tem energia potencial eletromagnética expressa por ($W_{PA} = \Delta Q \cdot f$) e, ao chegar no ponto (**B**), ela apresenta uma energia potencial expressa por ($W_{PB} = \Delta Q \cdot f$). Quando a quantidade de carga radiante atravessa o trecho (**AB**), o trabalho da força eletromagnética é dado por:

$$\vartheta^B_A = \Delta Q . f$$

Isso significa que o trabalho independe do trecho do espaço em que se propaga, dependendo apenas da frequência eletromagnética do fóton.

Uma expressão muito interessante que se pode chegar para calcular a energia da radiação eletromagnética é demonstrada do seguinte modo:

Afirmei que a energia que caracteriza a radiação eletromagnética que atravessa um determinado plano do espaço é igual ao número de fótons que constituem a referida radiação.

O referido enunciado é expresso simbolicamente pela seguinte equação:

$$W = n . h . f$$

Sabe-se que o número de fótons multiplicado pelo valor da carga radiante é igual a intensidade da radiante em produto com a variação de tempo.

Simbolicamente, o referido enunciado é expresso por:

$$I . \Delta t = n . h$$

Substituindo convenientemente as duas últimas expressões, resulta que:

$$W = I . \Delta t . f$$

Sabe-se que a variação de tempo decorrido no processamento do fenômeno é igual ao número de fótons que cruzam o plano em debate, inverso pelo fluxo de radiação eletromagnética.

Simbolicamente, o referido enunciado é expresso por:

$$\Delta t = n/R$$

Substituindo convenientemente as duas últimas expressões, resulta que:

$$W = n \cdot I \cdot f/R$$

Logo, posso afirmar que a energia da radiação eletromagnética é igual ao número de fótons que atravessam um determinado plano do espaço em produto com a intensidade da referida radiação multiplicada pela frequência eletromagnética do fóton, inversa pelo fluxo da dita radiação.

7. Potência da Radiação Eletromagnética

A potência da radiação eletromagnética é definida como o quociente do trabalho inverso pela variação de tempo.

Simbolicamente, o referido enunciado é expresso pela seguinte relação:

$$p = \vartheta^B_A / \Delta t$$

Porém, demonstrei que o trabalho da radiação eletromagnética é igual à variação de quantidade de carga radiante multiplicada pela frequência eletromagnética dos fótons que constituem a referida radiação.

O referido enunciado é expresso simbolicamente pela seguinte equação:

$$\vartheta^B_A = \Delta Q \cdot f$$

Então, substituindo convenientemente as duas últimas expressões, resulta que:

$$p = \Delta Q \cdot f / \Delta t$$

Desse modo, posso afirmar que a potência da radiação eletromagnética é igual ao quociente da variação da quantidade de carga radiante em produto com a frequência eletromagnética dos fótons, inversa pela variação de tempo decorrido no processamento do fenômeno.

Afirmei que a intensidade da radiação eletromagnética é igual ao quociente da variação da quantidade de carga radiante inversa pela variação de tempo decorrido no processamento do fenômeno.

Simbolicamente, o referido enunciado é expresso pela seguinte relação:

$$I = \Delta Q/\Delta t$$

Logo, substituindo convenientemente as duas últimas expressões, resulta que:

$$p = I \cdot f$$

Isso me permite concluir que a potência da radiação eletromagnética é igual a intensidade da radiação em produto com a frequência dos fótons que constituem a referida radiação.

No presente parágrafo demonstrei que:

$$p = \Delta Q \cdot f/\Delta t$$

Porém, sabe-se que a variação da quantidade de cargas radiantes é igual ao número de fótons que constituem a radiação em produto com a carga radiante elementar.

O referido enunciado é expresso simbolicamente por:

$$\Delta Q = n \cdot h$$

Substituindo convenientemente as duas últimas expressões, resulta que:

$$p = n \cdot h \cdot f/\Delta t$$

Em capítulos anteriores, demonstrei que a intensidade radiante de um fóton é igual ao valor da carga radiante elementar multiplicada pela frequência eletromagnética do fóton. O referido enunciado é expresso simbolicamente por:

$$I' = h \cdot f$$

Substituindo convenientemente as duas últimas expressões, resulta que:

$$p = n \cdot I'/\Delta t$$

Demonstrei que o fluxo de radiação eletromagnética que corta um dado plano no vácuo é igual ao número de fóton que atravessam esse plano inverso pela variação de tempo decorrido no processamento do fenômeno.

Simbolicamente, o referido enunciado é expresso pela seguinte relação:

$$R = n/\Delta t$$

Então, substituindo convenientemente as duas últimas expressões, resulta que:

$$p = R \cdot I'$$

Portanto, conclui-se que a potência da radiação eletromagnética é igual ao fluxo de radiação em produto com a intensidade radiante do fóton.

Para estabelecer estas expressões, não formulei qualquer hipótese particular sobre a natureza das transformações que a energia radiante pode sofrer no trecho (**A**) e (**B**). Portanto, a expressão é inteiramente geral, qualquer que seja o elemento existente entre (**A**) e (**B**).

8. Unidades

Quanto às unidades de potência, de frequência e de intensidade de radiação; no Sistema Internacional é medida em:

a) Potência   —   Watt (W);
b) Frequência   —   Hertz (Hz);
c) Intensidade de radiação   —   Maxwell (M).

A unidade de potência é definida do seguinte modo:

U (potencial) = U (trabalho)/U (tempo)

Isso quer dizer que a unidade de potência é igual ao quociente da unidade de trabalho, inversa pela unidade de tempo.

Então, no sistema internacional de unidades tem-se que:

Watt (W) = Joule/s

Submúltiplo: erg/s
Múltiplo: Kwatt (KW) = Kjoule/s.

As relações entre a unidades são as seguintes:

$$1 \text{ Kwatt} = 10^3 \text{ Watts}$$
$$1 \text{ Watt} = 10^4 \text{ erg/s}$$

Em fotodinâmica, além, de medir a potência em quilowatt ($1 \text{ KW} = 10^3 \text{ W}$), mede-se também a energia da radiação eletromagnética, em quilowatthora (KWh).

Um KWh é a quantidade de energia, com potência de 1 KW, que é verificada no intervalo de tempo de 1h. Portanto:

$$I \text{ KWh} = 1 \text{ KW} \times 1 \text{ h} = 1000 \text{ W} \times 3600 \text{ s}$$
$$1 \text{ KWh} = 3,6 \cdot 10^6 \text{ J}$$

Capítulo IV
Inverso do Quadrado da Distância

1. Introdução

Considere uma fonte pontual de radiação emitindo fótons ao acaso em todas as direções. Então, observa-se que o número de fótons que cruza uma unidade de área vai diminuir com o aumento da distância entre a fonte à área.

Assim, a intensidade da radiação eletromagnética diminui com a distância.

Esse fenômeno se deve ao fato de que os fótons se espalham como uma esfera de área tanto maior quanto mais longe eles estiverem da fonte. Ora, como a área de uma esfera é proporcional ao quadrado de seu raio, obtém-se, em média, uma lei do inverso do quadrado para a intensidade da radiação.

Isso significa que os fótons, ocupando um determinado volume do espaço se espalham a partir da fonte, e que a intensidade cai de forma inversamente proporcional ao quadrado da distância à fonte.

2. Gráfico da Função do Inverso do Quadrado da Distância

Sabe-se que a intensidade da radiação eletromagnética é igual ao inverso do quadrado da distância que separa a fonte do plano do espaço por onde cruza a radiação eletromagnética.

Simbolicamente, o referido enunciado é expresso por:

$$I = k \cdot 1/d^2$$

Para mostrar o gráfico de uma função do inverso do quadrado da distância, considere (**y**) e (**x**), duas variáveis associadas pela relação:

$$y = k/x^2$$

(**y**) se diz uma função do inverso do quadrado de (**x**).
Tabulando-se (**y**) em função de (**x**), obtém-se o gráfico da figura desse tipo.

x = y
0 = 0
1 = k
2 = k/4
3 = k/9
4 = k/16
5 = k/25

Portanto, tais valores fornecem como gráfico uma hipérbole, pois a intensidade da radiação eletromagnética é inversamente proporcional ao quadrado da distância.

3. Sobre a Proporção da Radiação

Demonstrei que a intensidade da radiação eletromagnética é iguala o valor da carga radiante elementar, multiplicada pelo valor do fluxo da radiação.

O referido enunciado é expresso simbolicamente pela seguinte equação:

$$I = h . R$$

Então, unindo convenientemente as duas expressões estudadas no presente capítulo; posso afirmar que intensidade da radiação eletromagnética é diretamente proporcional do fluxo de radiação eletromagnética e inversamente proporcional ao quadrado da distância que separa a fonte do plano por onde cruza a radiação.

Simbolicamente, o referido enunciado é expresso por:

$$I = k \cdot R/d^2$$

4. Demonstração Experimental

É muito interessante notar que os fenômenos fotoquímicos obedecem à lei enunciada no parágrafo anterior.

A fotoquímica é a ciência que estuda as reações químicas provocadas pela ação dos fótons de uma radiação qualquer.

Draper demonstrou que a intensidade dos efeitos químicos da radiação é proporcional à intensidade da radiação eletromagnética.

Bunsen e Roscoe demonstraram que a intensidade dos efeitos químicos de uma radiação varia na razão inversa do quadrado da distância.

A atividade química das radiações depende do comprimento de onda que caracteriza o fóton.

Essas três leis experimentais mostram que as equações aqui deduzidas são uma realidade fundamental.

E indo um pouco mais longe; posso afirmar que a intensidade dos efeitos químicos da radiação depende diretamente da potência oriunda da radiação.

5. Potência da Radiação Eletromagnética

Em capítulos anteriores demonstrei que a potência oriunda da radiação eletromagnética é igual à intensidade da radiação eletromagnética multiplicada pela frequência eletromagnética do fóton.

Simbolicamente, o referido enunciado é expresso por:

$$p = I . f$$

Demonstrei que a intensidade da radiação eletromagnética é diretamente proporcional ao fluxo da radiação eletromagnética e inversamente proporcional ao quadrado da distância que separa a fonte do plano por onde cruza a radiação eletromagnética.

O referido enunciado é expresso simbolicamente pela seguinte equação:

$$I = k . R/d^2$$

Substituindo convenientemente as duas últimas expressões, obtém-se que:

$$p = k . R . f/d^2$$

Logo, posso concluir que a potência da radiação eletromagnética que cruza uma superfície é diretamente proporcional ao fluxo da radiação em produto com a frequência eletromagnética do fóton e inversamente proporcional ao quadrado da distância que separa o fóton do plano por onde cruza a radiação eletromagnética.

Essa lei vem a caracterizar de forma generalizada as três leis da fotoquímica.

Artigos

Leandro Bertoldo

1. Aderência

1. Definição

Em minhas pesquisas científicas na física, a aderência é a parte que se preocupa com o estudo da ligação íntima de superfícies, como por exemplo, o durex, a fita adesiva e outras.

2. Força Normal

Denomino por força normal (**N**) à força necessária para separar duas fitas emplastadas aderidas uma à outra pelos emplastos de ambas.

3. Força de Aderência

Chamo por força de aderência, à força (**F**) necessária para separar uma fita emplastada aderida a uma superfície sem emplasto.

4. Adesão

Adesão é o ato de aderir; eu defino o seu significado físico como sendo igual ao quociente da intensidade de força de aderência, inversa pela intensidade de força normal.

Simbolicamente, o referido enunciado é expresso por:

$$u = F/N$$

5. Lei da Aderência

A lei da aderência afirma que a intensidade de forças de aderência assume valores compreendidos entre zero, e um valor limite (máximo).

6. Lei da Característica

A lei da característica afirma que a adesão (**u**) varia com a natureza das superfícies de contato e como o estado de polimento das mesmas.

7. Angulo de Destaque

Para estabelecer os valores da força normal ou da força de aderência é fundamental um ângulo de destaque da fita emplastada. Tal ângulo é de noventa graus; ou seja, a fita aderida é destacada perpendicularmente à superfície à qual está aderida.

8. Associação de Adesivos

A associação de adesivos é uma definição que caracteriza dois adesivos ligados intimamente pela face dos emplastos.

9. Assentimento

Por definição, digo que existe assentimento quando uma força de aderência se apresenta distribuída uniformemente sobre a superfície da fita com emplastro.

Desse modo afirmo que o assentimento na aderência é igual à intensidade de força de aderência, ou normal (conforme o caso), inversa pela área da fita aderida.

Simbolicamente, posso escrever que:

$$A = F/S$$

10. Adesão de Rolamento

A adesão de rolamento é a aderência ao movimento de rotação de um corpo cilíndrico um de superfície curva solene outro, plano ou não. Tal adesão é muito inferior à adesão de deslizamento; assim, uma esfera de vidro ou aço rola sobre um plano antes que chegue a deslizar.

Seja (**c**) um cilindro cuja geratriz apoia sobre um plano (**A**); à força normal é (**N**) e (**F**) uma força tangencial ao plano da base do cilindro.

Quando a força (**F**) atinge uma determinada intensidade para destruir o equilíbrio do cilindro, o mesmo ameaça a rodar sobre o plano. A força (**F**) não se aplica diretamente na geratriz de contato; possui um momento em relação à referida geratriz.

Assim, posso afirmar que a adesão ao rolamento será (**M**) quando (**F**) atingir ao valor máximo que faz rodar o cilindro. Logo, o quociente de (**M**) pela força normal é uma constante característica do cilindro.

Simbolicamente, escrevo que:

$$e = M_F/N$$

11. Ângulo de Adesão

Considere um corpo cilíndrico colocado sobre um plano, de inclinação variável, de modo que se possa incliná-lo de um ângulo crescente a partir de zero. Suponha, também, que o referido cilindro encontra-se sobre uma superfície aderente, tal como, por exemplo, a do "durex". Quando o ângulo de inclinação atingir certo valor, o cilindro começará a rolar. Esse ângulo, que chamo por ângulo de adesão, é exatamente o menor ângulo de inclinação para o qual o corpo cilíndrico rola no plano.

No plano inclinado, defino a adesão como sendo igual à relação entre a força de adesão máxima empregada para provocar o rolamento, pela ação da normal do peso.

Simbolicamente, o referido enunciado é expresso por:

$$u = F/p_N$$

Desse modo, com relação ao plano inclinado, posso dizer que quando é atingido um ângulo de adesão (α), a força que puxa o corpo para baixo é a componente de seu peso (**p**), cujo valor é expresso por:

$$f = p \cdot sen\ \alpha$$

A componente normal do peso que o corpo faz no plano aderente é expressa por:

$$p_N = p \cdot cos\ \alpha$$

A força de adesão máxima é expressa por:

$$F = u \cdot p \cdot cos\ \alpha$$

Logo, quando for atingido o ângulo de adesão posso escrever que:

$$p\ sen\ \alpha = u \cdot p \cdot cos\ \alpha$$

Pois:

a) $F = u \cdot p$

b) $P_N = p \cos \alpha$

Eliminando os termos em evidência da expressão:

$$p \text{ sen } \alpha = u \cdot p \cdot \cos \alpha$$

$$\text{sen } \alpha = u \cdot \cos \alpha$$

Portanto, vem que:

$$u = \text{sen } \alpha/\cos \alpha$$

Logo, conclui-se que:

$$u = \text{tg } \alpha$$

Tal expressão afirma que a adesão de rolamento entre o cilindro e o plano aderente é igual à tangente do ângulo de adesão.

12. Trabalho de Deslocamento

Defino o trabalho de descolamento como sendo igual ao produto existente entre a força de adesão (**F**), com o comprimento (**l**) descolado durante a ação da força.

Simbolicamente, posso escrever que:

$$\vartheta = F \cdot l$$

Demonstrei que:

$$F = u \cdot N$$

Então substituindo convenientemente as duas últimas expressões, vem que:

$$\vartheta = u . N . l$$

Também, demonstrei que:

$$F = A . S$$

Assim, posso concluir que:

$$\vartheta = A . S . l$$

Portanto, vem que:

$$A = \vartheta/S . l$$

Ou a seguinte igualdade:

$$F/S = \vartheta/S . l$$

13. Adesividade

Seja uma superfície aderente qualquer, na qual se considera um comprimento (x) da fita.

Chamando por (F) a intensidade de força resultante sobre esse comprimento, defino adesividade como sendo uma grandeza igual ao quociente da força, inversa pelo comprimento (x).

Simbolicamente, o referido enunciado é expresso por:

$$b = F/x$$

Em tal expressão, para $x = 1$, tem-se que:

$$b^{N} = F$$

O que permite afirmar que a adesividade é numericamente igual ($^{N=}$) à intensidade de força que mantém unidos os lados de um corte ideal de comprimento unitário, na face adesiva de uma fita.

14. Trabalho Adesivo

Para medir o trabalho adesivo, deve-se imaginar uma fita aderida numa superfície; sendo que tal fita apresenta perímetro (**ABCD**).

Quando por ação de uma força externa (**F**) descola-se uma área da fita, levando da posição (**CD**) para (**C'D'**), realiza-se um trabalho que represento simbolicamente pelo seguinte produto:

$$\Delta\vartheta = F \cdot \Delta l$$

Para um mesmo emplasto a determinada temperatura, é constante a relação entre ($\Delta\vartheta$) e a área (ΔS) da superfície correspondente.

Simbolicamente, posso escrever que:

$$\Delta\vartheta / \Delta S = cte$$

A seguir vou demonstrar que tal constante é exatamente a adesividade. Assim, vem que:

a) $\Delta\vartheta = F \cdot \Delta l$

b) $\Delta S = \Delta l \cdot x$

Portanto, posso escrever que:

$$\Delta\vartheta/\Delta S = F \cdot \Delta l/\Delta l \cdot x$$

Eliminando os termos em evidência, resulta que:

$$b = F/x = \Delta\vartheta/\Delta S$$

Sendo ($\Delta S = 1$), posso afirmar que:

$$B^{N=} \Delta\vartheta$$

Assim, afirmo que a adesividade é numericamente igual ao trabalho realizado por unidade de área.

15. Constante Emplástica

Defino uma grandeza que chamei por constante emplástica, como sendo igual ao quociente da adesividade (**b**) da fita com uma superfície de qualquer material que não apresenta emplasto, inversa pela adesividade (b_0) da associação de duas fitas com emplastos de mesma natureza.

Simbolicamente, o referido enunciado é expresso por:

$$k = b/b_0$$

Observe que (**k**) é uma grandeza adimensional. A última expressão permite escrever que:

$$b = k \cdot b_0$$

Demonstrei que:

$$b = F/x$$

Naturalmente, posso afirmar que:

$$F/x = k \cdot F_0/x$$

Eliminando os termos em evidência, vem que:

$$F = k \cdot F_0$$

Também, demonstrei que:

$$b = \Delta\vartheta/\Delta S$$

Assim, posso escrever que:

$$\Delta\vartheta/\Delta S = k \cdot \Delta\vartheta_0/\Delta S$$

Nas condições acima, posso concluir que:

$$\Delta\vartheta = k \cdot \Delta\vartheta_0$$

O modelo das ventosas elementares associadas é o mais bem sucedido modelo para explicar a aderência. Pretendo, em outra parte, discorrer largamente sobre o assunto.

2. Tensiologia Superficial

1. Introdução

Defino a parte da física chamada por "Tensiologia Superficial", a todo estudo de tensão superficial sob o seu aspecto dinâmico e energético.

2. Elasticidade da Tensão Superficial ou Intensidade Elástica

Considere um arame dobrado com a figura de um quadrilátero (**ABCD**) e que tenha o lado (**CD**) móvel. Ao mergulhar esse arame no líquido de Plateau, tem-se a formação de uma película que origina uma força (**F**) tendendo a agir no lado móvel (**CD**).

Para produzir um acréscimo de área (**S = L . x**) na superfície da membrana é necessário exercer uma certa intensidade de força (**R**), que na realidade estica duas películas, cada uma das quais exerce uma força (**F**) sobre o arame.

$$R = 2F$$

Em minhas pesquisas costumo definir a elasticidade de um corpo como sendo igual ao quociente da deformação (**x**), inversa pela ação da força (**R**) que provoca a referida deformação.

Simbolicamente, posso escrever a seguinte relação:

$$e = x/R$$

Entretanto substituindo convenientemente as duas últimas expressões, vem que:

$$e = x/2F$$

Classicamente a tensão superficial da membrana líquida é definida como a relação entre a força (**F**) e um segmento de reta (**L**) considerado na superfície livre do líquido. O referido enunciado é expresso por:

$$\gamma = F/L$$

Substituindo convenientemente as duas últimas expressões, posso escrever que:

$$e = x/2\gamma \cdot L$$

A área da superfície da membrana sob a ação da intensidade de força é expressa por:

$$S = L \cdot x$$

Naturalmente, posso estabelecer a seguinte verdade:

$$S/L^2 = x/L$$

Portanto, posso escrever que:

$$e = S/2\gamma \cdot L^2$$

Também, posso escrever o seguinte:

$$S/x^2 = L \cdot x/x^2$$

Eliminando os termos em evidência, vem que:

$$S/x^2 = L/x$$

O que permite escrever que:

$$x/L = x^2/S$$

Logo, posso concluir que:

$$e = x^2/2\gamma \cdot S$$

Com relação a tal expressão, posso escrever que:

$$S \cdot \gamma = x^2/2e$$

Entretanto a tensão superficial clássica mostra que se para produzir um acréscimo de área (**S**) na superfície livre necessita-se de uma quantidade de energia (**W**), sendo que a relação entre a referida energia pela dita área representa a definição de tensão superficial (**γ**). Assim, pode-se escrever que:

$$\gamma = W/S$$

Substituindo convenientemente as duas últimas expressões, vem que:

$$W = x^2/2e$$

É muito interessante observar que o referido resultado pode ser obtido exclusivamente de conceitos de deformações elásticas, conforme demonstrei na Teoria da Elasticidade.

Desse modo vou procurar estudar os conceitos de tensão superficial exclusivamente através de conceitos de elasticidade.

Sabe-se que a intensidade elástica (e) é o inverso da constante de Hook, logo posso escrever que:

$$e = 1/k$$

Tal resulta do implica que:

$$w = k \cdot x^2/2$$

Que é uma equação bem conhecida na física clássica sobre as deformações elásticas.

3. Módulo de Tensão

Defino o módulo de tensão (α) como sendo igual ao seguinte produto:

$$\alpha = e \cdot \gamma$$

Pois dentro de certos parâmetros tais grandezas são absolutamente constantes.
Demonstrei que:

$$e \cdot \gamma = x/2L$$

Portanto, vem que:

$$\alpha = x/2L$$

Demonstrei que:

$$e \cdot \gamma = S/2L^2$$

Logo, vem que:

$$\alpha = S/2L^2$$

Demonstrei que:

$$e \cdot \gamma = x^2/2S$$

Logo, vem que:

$$\alpha = x^2/2S$$

4. Tensismo

Tensismo é uma grandeza física que defino como sendo igual ao produto existente entre a intensidade elástica pela área que a película apresenta.
Simbolicamente, o referido enunciado é expresso por:

$$T = e \cdot S$$

Para uma película esférica, tem-se para a área da superfície o seguinte valor:

$$S = 4\pi \cdot d^2$$

Onde a letra (**d**) representa o raio da esfera considerada.
Substituindo convenientemente as duas últimas expressões, vem que:

$$T = e \cdot 4\pi \cdot d^2$$

Demonstrei que:

$$e = x^2/2W$$

Substituindo convenientemente as duas últimas expressões, vem que:

$$T = x^2 . 4\pi . d^2/2W$$

Eliminando os termos em evidência, resulta que:

$$T = 2\pi . x^2 . d^2/W$$

Sabe-se que:

$$W = \gamma . S$$

Logo, vem que:

$$T = 2\pi . x^2 . d^2/\gamma . S$$

Como $(S = 4\pi . d^2)$, resulta que:

$$T = 2\pi . x^2 . d^2/\gamma . 4\pi . d^2$$

Eliminando os termos em evidência, vem que:

$$T = x^2/2\gamma$$

5. Equações Energéticas

A energia potencial de tensão superficial é expressa simbolicamente pela seguinte equação:

$$W = F . x$$

Demonstrei que:

$$e = x/2F$$

Substituindo as duas últimas expressões, vem que:

$$W = x^2/2e$$

Também, é possível demonstrar que:

$$W = 2e \cdot F^2$$

Tais equações são chamadas por equações da energia potencial de tensão superficial.
Sabe-se que:

$$W = \gamma \cdot S$$

Desse modo, substituindo a referida expressão nas demais equações energética, obtêm-se para a tensão superficial (γ) os seguintes resultados:

a) $\gamma = F \cdot x/S$

b) $\gamma = x^2/2e \cdot S$

c) $\gamma = 2e \cdot F^2/S$

A tensão superficial de uma película esférica é bem representada pela última expressão; ou seja:

$$\gamma = 2e \cdot F^2/S$$

Entretanto é muito conveniente expressar a área da superfície esférica por:

$$S = 4\pi \cdot d^2$$

Substituindo convenientemente as duas últimas expressões, resulta que:

$$\gamma = e \cdot F^2/2\pi \cdot d^2$$

Onde a letra (**d**) representa o raio da esfera.

6. Leis para o Sentido da Força de Tensão

Para se estabelecer o sentido macroscópico da força (**F**) na tensão superficial, deve-se empregar o resultado da seguinte lei fundamental:

a) "O sentido da força de tensão superficial é tal, que, por seus efeitos, ela se opõe à força que lhe deu origem, externa".

Também, posso afirmar que:

b) "Qualquer película sob uma tensão superficial exerce uma força verificada em suas extremidades, opondo-se à força que coloca à referida membrana sob uma tensão".

Outra maneira que apresento para enunciar o sentido da força de tensão superficial é a seguinte:

c) "A força de tensão superficial é perpendicular ao corte ideal de comprimento".

Simbolicamente, posso escrever que:

$$F \perp L$$

No que se refere ao enunciado (**a**) e (**b**), posso expressa-los simbolicamente por:

$$R \Rightarrow -2F$$

Ou

$$2F \Rightarrow - R$$

Onde (**R**) representa a força resultante aplicada externamente.

Outro modo de conhecer o sentido da força de tensão superficial está fundamentado no conhecimento da seguinte lei:

d) "O sentido da força de tensão superficial é tal, que por seus efeitos, ela se opõe ao sentido do alongamento (**x**) da película".

Simbolicamente, posso escrever que:

$$F \Rightarrow - x$$

Ou

$$x \Rightarrow - F$$

Uma lei fundamental, no estudo da tensão superficial pode ser enunciada nos seguintes termos: "A força de tensão superficial em uma película é integralmente transmitida a todos os pontos da referida membrana".

7. Fluxo de Tensão

Defino o fluxo de Tensão Superficial (ϕ) como sendo igual ao produto existente entre a tensão (γ) pelo alongamento (**x**).

Simbolicamente, o referido enunciado é expresso por:

$$\phi = \gamma \cdot x$$

O fluxo de tensão, também é definido como sendo a relação entre a energia (**W**) pelo comprimento (**L**). Simbolicamente, posso escrever que:

$$\phi = W/L$$

Demonstra-se facilmente a referida equação, igualando-a com a anterior.

8. Tensão Térmica

Considere uma película que apresenta um fluxo de tensão, caracterizado por:

$$\phi_1 = \gamma_1 \cdot x_1$$

Sendo que tais valores correspondem a uma temperatura (T_1).

Modificando-se apenas a temperatura para (T_2), obtém-se para o fluxo de tensão superficial, o seguinte valor:

$$\phi_2 = \gamma_2 \cdot x_1$$

Assim, defino tensão térmica entre duas temperaturas distintas a seguinte relação:

$$\alpha = \gamma_2/\gamma_1$$

Assim, posso escrever que:

$$\gamma_1 = \alpha \cdot \gamma_2$$

O fluxo permite escrever que:

$$\gamma = \phi/x$$

Assim, posso concluir que:

$$\phi_1/x_1 = \alpha \cdot \phi_2/x_1$$

Eliminando os termos em evidência, resulta que:

$$\phi_1 = \alpha \cdot \phi_2$$

Sabe-se que:

$$\gamma = W/S$$

Portanto, posso concluir que:

$$W_1/S_1 = \alpha \cdot W_2/S_1$$

Eliminando os termos em evidência, resulta que:

$$W_1 = \alpha \cdot W_2$$

9. Força de Eliminação

A força de eliminação da película é igual à energia máxima que a membrana suporta antes de se destruir, inversa pelo alongamento máximo que suporta até o momento da destruição da película.

Simbolicamente, posso escrever que:

$$f = W_{mx}/x_{mx}$$

Onde ($_{mx}$) significa máximo.

10. Oscilações das Películas

Considere duas películas separadas uma da outra por um pequeno eixo que pode oscilar livremente.

A equação que caracteriza os fenômenos de oscilações do eixo entre as duas películas é a seguinte:

$$d^2S/dt^2 + 2\gamma.\ dL^2/m = 0$$

Tal expressão é deduzida da seguinte forma:

Sabe-se que:

$$F = \gamma.\ L$$

A segunda lei de Newton afirma que:

$$F = m.\ a$$

Onde (**m**) representa a massa do eixo e (**a**) a aceleração.

Entretanto a aceleração é expressa pela seguinte forma derivada:

$$a = d^2x/dt^2$$

Sabe-se que:

$$dS = dx.\ dL$$

Ou seja:

$$dx = dS/dL$$

Assim, pude estabelecer que:

$$a = (d^2x/dt^2) \cdot (1/dL)$$

A força seria expressa por:

$$F = a \cdot m = (d^2x/dt^2) \cdot (m/dL)$$

Como o sentido força de tensão superficial é oposto à força que lhe origina, posso concluir que:

$$- \gamma \cdot dL = (m/dL) \cdot (d^2x/dt^2)$$

Tal expressão permite estabelecer que:

$$d^2x/dt^2 + (2\gamma/m) \cdot dL^2 = 0$$

Assim, estabeleço a dedução da equação apresentada no início do presente parágrafo. Por envolver derivadas, essa espécie de equação é denominada por equação diferencial.

Tal equação se aplica perfeitamente em superfícies elásticas, cuja espessura não é levada em consideração.

11. Intensor

Defino intensor como sendo o quociente da intensidade elástica (**e**), inversa pela área de superfície (**S**) formada.

Simbolicamente, o referido enunciado é expresso pela seguinte relação:

$$i = e/S$$

A área de uma superfície esférica é expressa por:

$$S = 4\pi \cdot d^2$$

Logo, para uma membrana esférica, posso escrever que:

$$i = (1/4\pi) \cdot (e/d^2)$$

Observe que, fisicamente, quanto maior for o intensor numa membrana, tanto mais tensa e mais esticada estará; e quanto maior for o intensor, tanto mais próxima da ruptura se encontrará.